中国供水服务评级指标体系

（1.1版）

The Indicator System of Municipal Water Services Assessment in China

清华大学环境学院水业政策研究中心
中国水网   联合发布

U0249965

中国建筑工业出版社

图书在版编目（CIP）数据

中国供水服务评级指标体系（1.1版）/清华大学环境学院水业政策研究中心，中国水网联合发布 .—北京：中国建筑工业出版社，2013.4

ISBN 978-7-112-15275-9

Ⅰ.①中… Ⅱ.①清…②中… Ⅲ.①给水-服务质量-评价指标-体系-中国 Ⅳ.①TU991

中国版本图书馆 CIP 数据核字(2013)第 056125 号

中国供水服务评级指标体系

（1.1 版）

The Indicator System of Municipal Water Services
Assessment in China

清华大学环境学院水业政策研究中心
中国水网

联合发布

*

中国建筑工业出版社出版、发行（北京西郊百万庄）
各地新华书店、建筑书店经销
北京红光制版公司制版
北京市安泰印刷厂印刷

*

开本：850×1168 毫米 1/32 印张：2⅛ 字数：55 千字
2013 年 4 月第一版 2013 年 4 月第一次印刷
定价：15.00 元
ISBN 978-7-112-15275-9
(23377)

版权所有 翻印必究
如有印装质量问题，可寄本社退换
（邮政编码 100037）

中国供水服务评级指标体系（1.1版）根据特许经营模式下的政府市场监管体系的三方面内容，针对用户、企业和政府均比较关注的方面，选择四个关键性的复合指标作为突破口进行研究，包括用户服务指数、水质合格率、供水能力指数、供水绩效指数；并根据各项指标对企业服务水平的客观反映进行权重合理分配，形成综合绩效评价指数，评价结果将作为供水服务评级的主要依据。

　　本书适用于供水企业及与供水有关的政府、主管部门、科研机构和行业相关人员。

　　责任编辑：田启铭　李玲洁
　　责任设计：董建平
　　责任校对：姜小莲　王雪竹

前　言

供水服务作为关系国计民生的核心服务单元，一直是保障社会经济健康发展不可或缺的根基。但是，供水服务的可持续发展正面临严峻挑战：低质低价已经成为行业痼疾；原水的污染和新水质服务标准的迫近，使服务成本的压力迅速升高；社会沟通不充分和企业经营相对封闭，造成公众的误解加剧；服务绩效管理工具的缺失和服务体制的落后，导致行业品牌整体失落。

面对困扰和挑战，供水行业需要一套科学合理的服务评价体系，让政府和公众能够识别合理的服务成本和服务水平，让供水服务同行能够深谙自己的差距和改进方向，从而提高服务水平，重塑行业品牌，实现行业可持续发展的目标和理念。

基于国家发改委正在进行《城市供水价格管理办法》修订，清华大学环境学院水业政策研究中心、世界银行 IBNET 持续开展城市供水行业绩效关键指标体系的研究与应用，清华大学环境学院水业政策研究中心与中国水网此次联合研究并推出"中国供水服务评级指标体系"，以建立适合我国国情并与国际接轨的供水服务评价系统。

本指标体系根据特许经营模式下的政府市场监管体系的三方面内容，针对用户、企业和政府均比较关注的方面，选择四个关键性的复合指标作为突破口进行研究，包括用户服务指数、水质合格率、供水能力指数、供水绩效指数；并根据各项指标对企业服务水平的客观反映进行权重合理分配，形成综合绩效评价指数，评价结果将作为供水评级的主要依据。

本指标体系于 2012 年 3 月首次发布，并将根据国家经济发展状况和供水行业发展于 2013 年 4 月完成修订。

本指标体系由清华大学环境学院水业政策研究中心、中国水网组织制定。

本指标体系主要起草单位：中国水网。

本指标体系指定由中国供水服务促进联盟使用，于 2013 年 5 月开始实施。

本指标体系由中国供水服务促进联盟挂靠单位中国水网解释。

目 次

1 适用范围

本指标体系规定了供水服务评级指标分类、测定方法、评分标准等内容。

本指标体系适用于中国供水服务促进联盟组织的中国供水企业服务评级，包括澳门和香港特别行政区。

2 规范性引用文件

本指标体系引用下列文件或其中的条款。凡是不注明日期的引用文件，其最新版本适用于本指标体系。

《生活饮用水卫生标准》GB 5749—2006

《城市供水水质标准》CJ/T 206—2005

《地表水环境质量标准》GB 3838—2002

《地下水质量标准》GB/T 14848—1993

《城镇供水厂运行、维护及安全技术规程》CJJ 58—2009

《城市给水工程规划规范》GB 50282—1998

3 术语和定义

下列术语和定义适用于本指标体系。

3.1 用户服务指标

指通过对供水服务内外部流程的关键参数进行设置、取样、计算、分析以及第三方机构通过调查测评用户对供水服务的满意度，来衡量用户服务的一种管理指标。包括供水用户满意度指数、服务支持指数、抄表到户率 3 个分指标。

3.1.1 供水用户满意度指数

指城市顾客对自来水或相应服务的满意程度的心理感受，并通过特定的因果关系模型就顾客对于供水产品以及相关服务的满意程度的心理感受的测评结果。

3.1.1.1 总体满意度指数

指充分考虑各核心因素在供水企业服务能力评价中的重要性的基础上，形成的加权指数，反映了企业综合服务能力；并通过与总体满意度指标基准值的对比，反映供水企业服务能力与行业总体发展情况的对比，揭示企业竞争力。

3.1.1.2 二级指标满意度指数

覆盖了反映供水企业服务的核心指标，在与各二级指标基准值比较的基础上，反映出用户对各地区供水企业各项指标的态度和改进方向。二级指标满意度指数与被访者背景参数进行相关分析，揭示出各区间人群特征（性别、年龄、学历、家庭等）的满意度状况，为供水企业提升满意度提供参考渠道。

3.1.2 服务支持指数

主要反映供水企业对用户服务的内部支持体系的评价。

3.1.3 抄表到户率

指评估期水司供水范围内已安装家庭用水表数与 100% 抄表到户时需要安装的水表数目（应安装的水表数）的比值，直接反映了企业抄表到户的情况。

3.1.3.1 已安装的表数

指已经安装的单户家庭用水表（一户一表）的数量。

3.1.3.2 应安装的表数

指企业 100% 抄表到户时需要安装的水表数目。

3.2 水 质 指 标

指通过对供水水质合格率及内外部管理流程的关键参数进行设置、取样、计算、分析，综合衡量供水水质的一种管理指标，包括水质合格率、水质管理体系、水质相关检测能力 3 个分指标。

3.2.1 水质合格率

《生活饮用水卫生标准》GB 5749—2006 标准下，供水企业供水区域内多个取水点、多个项目水质状况评测结果，是衡量和评价供水企业供水处理能力优劣的重要指标。

3.2.1.1 出厂水 9 项指标的合格率

《城市供水水质标准》CJ/T 206—2005 中规定的浑浊度、色度、臭和味、肉眼可见物、余氯、细菌总数、总大肠菌群、耐热大肠菌群、COD_{Mn} 共 9 项指标的出厂水合格率。

3.2.1.2 管网水 7 项指标的综合合格率

《城市供水水质标准》CJ/T 206—2005 中规定的浑浊度、色度、臭和味、余氯、细菌总数、总大肠菌群、COD_{Mn}（管网末梢点）共 7 项指标的管网水合格率。

3.2.1.3 综合水质合格率

反映水质的合格程度，《城市供水水质标准》CJ/T 206—2005 中规定的 42 个检验项目的加权平均合格率。

3.2.1.4 常规 42 项合格率

《生活饮用水卫生标准》GB 5749—2006 表 1 和表 2 中 42 个

检验项目的加权平均合格率。

3.2.1.5　非常规 64 项合格率

《生活饮用水卫生标准》GB 5749—2006 表 3 中 64 个检验项目的加权平均合格率。

3.2.2　水质管理

水质管理是供水企业确保水质达标的内部管理标准，包括水质检测制度、水质管理体系和突发事件处理能力三方面。

3.2.3　水质相关检测能力

水质相关检测能力指供水企业对饮用水检测项目、水源检测项目和净水原材料的内部检测能力和外委能力。水质相关检测能力与供水企业水质监控、产品评价水平高低密切相关。

3.3　供水能力指标

指通过对供水能力的关键参数进行设置、取样、计算、分析，衡量供水能力的一种管理指标。包括水厂生产能力保障系数、管网压力合格率 2 个分指标。

3.3.1　水厂生产能力保障系数

反映供水企业生产环节的保障程度。包括水厂设计能力冗余度、备用水源保障程度、电源保障程度、应急预案保障程度。

3.3.1.1　水厂设计能力冗余度

是指水厂设计生产能力对应实际最大供水需求量的保障程度。

3.3.1.2　备用水源保障程度

备用水源保障程度是指在第一水源发生事故或水质超标污染时，为保障城市生活用水的备用水源保障程度。

3.3.1.3　电源的保障程度

是指电源某一回路发生故障时，另一回路投入送电的保障程度。

3.3.1.4　应急预案保障程度

是指应对突发性供水事故的预警和应急处置方案保障供水的

程度。

3.3.2 管网压力合格率

反映供水企业的供水压力服务水平。主要考虑供水企业管网布局区域及加压站建设、是否接管二次供水、公共测压点压力合格率等方面因素。

3.4 供水绩效指标

指通过对供水绩效的关键参数进行设置、取样、计算、分析，衡量供水绩效的一种管理指标。包括产销差系数、爆管率2个分指标。

3.4.1 产销差系数

是将每年的实际产销差除以标准产销差后得到的系数，综合反映企业供水收回水费能力以及管网管理状况的绩效水平。

3.4.1.1 综合产销差

描述供水企业投入和产出的离差程度，综合反映企业供水收回费能力以及管网管理状况的绩效水平。

3.4.1.2 标准产销差

城市供水企业管网基本产销差不应大于13％。由于抄表到户率、管道长度、供水压力等各城市都不尽相同，会影响横向比较。因此，城市供水标准产销差应以13％为基础，按基本漏损率结合抄表到户率、单位供水量管长和出厂压力修正后确定。

3.4.2 爆管率

单位管道长度的 $DN75$ 及以上管道或设施因自发或意外造成的年爆管、脱口或漏水（需要停水维护）的次数。综合反映管网管理水平及对用户的服务指标。

3.4.2.1 爆管次数

$DN75$ 及以上管道年爆管次数，以水厂出厂至用户红线管道爆管次数为计算。

3.4.2.2 配水管网长度

$DN75$ 及以上供水管道长度，以 km 计量。

4 总　　则

供水服务绩效评价是供水行业发展的关键问题。长期以来，由于供水服务评价系统的缺乏，政府监管部门和公众不能识别好的服务，直接影响了水价的合理调整；供水企业由于缺乏服务评价体系，影响了服务绩效的有效提升；由于行业内缺乏供水服务绩效评价体系，资本市场不能识别供水企业的服务水平。

对自然垄断的供水行业而言，绩效指标是绩效管理的核心，合理的绩效指标能够清楚地反映企业在此方面的运行效率或服务水平，并且能够准确地体现企业的效率或服务在同行业中的位置。绩效指标的设计是企业绩效管理系统和政府行业监管系统建立的基础，同时也是关键。然而，绩效指标的设计和建立过程非常复杂，不能一蹴而就，需要基于行业目前的管理和运行现状进行选定。

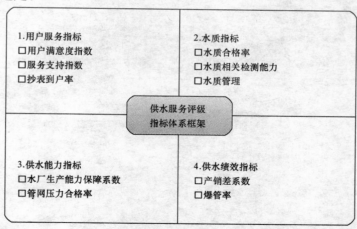

图 1　供水服务评级指标体系框架

根据特许经营模式下的政府市场监管体系的三方面内容，针对用户、企业和政府均比较关注的方面，选择四个关键性的复合指标作为突破口进行研究，包括用户服务指数、水质合格率、供水能力指数、供水绩效指数；根据各项指标对企业服务水平的客观反映进行权重合理分配，形成综合绩效评价指数，评价结果将作为供水评级的主要依据。

5 用户服务指标

用户服务指标分数占供水服务指标体系总分数的 35%。

用户服务指标包括供水用户满意度指数、服务支持指数、抄表到户率 3 个分指标，分别占用户服务指标分数的 40%、40% 和 20%。

5.1 供水用户满意度调查

5.1.1 调查方法

数据来源由第三方机构调查收集，调查范围面向家庭用户。调查原则主要遵循用户为主体原则、可测性原则、可控性原则。数据收集主要来自直接收集第一手调查数据，调查方法采用（城区）配额抽样法和网络平台随机调查，样本基础信息要符合正态分布或与实际情况吻合。形式为调查问卷，通过电话、邮件和网上在线调查等方式。

5.1.2 评测指标

测评指标是对满意度测评的载体，也是计算满意度指数的基础。城市供水用户满意度指标体系分为三级指标来测评。根据每项指标的满意度指数，加权平均得到相应的上一级指标指数，最后得到供水用户满意度指数。

城市供水用户满意度指标体系分级指标详见表 1，供水用户满意度调查问卷见附录 A。

表 1　城市供水用户满意度指标体系

一级指标	二级指标	三级指标
供水用户满意指数	水价	价格
		阶梯水价

一级指标	二级指标	三级指标
供水用户满意指数	水质	水质总体满意度
		清洁程度
	供水稳定性	水压稳定性
		供水连续性
		计划停水
		管道抢修及时性
	账单及交费方式	账单的准确性
		缴费方式
	客户服务	客户热线
		营业厅
	客户沟通	公众交流的充足性
		公众宣传的充足性
		客户反馈渠道/投诉方式
	整体企业形象	整体评价

注：通过对行业整体调查与分析，设定一级指标和二级指标基准值，用于国内同
行间服务水平比照参考。

5.1.3 计算方法

指标的权重：

由于各项指标相互独立，每一个指标都同等重要，因此指标权重分配方案确定为等权，即各指标的权重相等。

指标的量化：

满意度调查是将定性评价转化为定量评价的过程，要反映公众对供水服务的满意程度，必须使用量化的结果才能够对各类指标的满意度进行加总和比较。

本次调查指标的量化主要针对主观指标中，采用李克特量表

的问题，直接按照 6 级评分，即"非常满意"－100 分，"比较满意"－80 分，"一般"－60 分，"不太满意"－40 分，"不满意"－20 分，不回答－0 分。

满意度指数合成方法：

满意度指数取值 0～100 之间，在合成满意度指数时是由最基本的测评指标开始，逐级计算，分别得到每个测评指标的满意度指数，然后加总平均得到上一级的分类指数，最后得到平均汇总指数。具体合成指数方法为：

（1）从问卷调查结果中筛选出可用于评价的指标，有四类题不作为评价题：甄选题、筛选题、询问原因的题目和受访者的背景资料。

（2）给每项评价指标的答案赋值（见"指标的量化"）。

（3）计算单项指标满意度指数，公式如式（5-1）所示：

$$I = \frac{\sum x_i f}{\sum f} \tag{5-1}$$

式中　x_i——答案所赋的值；

　　　f——选择该答案的样本量。

在计算单项指标满意度指数时，对于逆指标要先进行处理，然后再计算。

（4）计算二级、三级评价指数和用户总体满意度指数

根据每项指标的满意度指数，加总平均得到相应的上一级指标指数，最后得到用户总体满意度指数。

5.2　服务支持指数

5.2.1　评测指标

服务支持指数是用于测评供水企业内部对外部用户满意度的支持程度，所以分指标的设定与用户满意度指数指标内容相对应。

城市供水服务支持指标体系分级指标详见表 2。

表 2　城市供水服务支持指标体系分级指标

一级指标	二级指标	三级指标
服务支持指数	水质	水质总体满意度
	供水稳定性	计划停水
		保证连续供水
		保持水压稳定
		管道抢修及时性
	缴费及账单	账单的准确性
		缴费的便利性
	客户服务	服务多样性
		服务开放性
		联系群众的便利性
	公众交流	公众交流的充足性
		公众宣传的充足性
		客户反馈渠道/投诉方式
		企业信息发布渠道
	水价	水价价格
	公司整体形象	整体感觉
		技术可靠
		高质量标准
		公开透明服务

5.2.2　评价方法

5.2.2.1　水质总体满意度

（1）评价要求

制定并实施水质公告制度，通过媒体网络等形式定期向社会公布水质检测结果，定期对用户进行水质满意程度的调查，及时处理用户水质投诉，实行用户水质满意回访制度。

（2）评价内容

a. 供水企业行政主管部门或供水企业制定并实施了水质公

告制度；

b. 供水企业建立健全关于水质满意度调查的管理规定和不合格自来水水质的处理管理规定；

c. 定期开展水质满意度调查活动；

d. 及时处理水质投诉并建立相关台账。

（3）评价方法

a. 查看水质公告制度，随机抽查前三年的水质公告资料，应提供已刊登水质公告的媒体如报纸等，如在广播、电视媒体中发布水质公告，应提供刊登公告的合同、发票等证明材料；

b. 查看用户水质满意回访管理规定、不合格自来水水质的处理管理规定、水质满意度调查的管理规定；

c. 查看定期开展的水质满意度调查资料；

d. 查看用户水质投诉处理台账。

5.2.2.2 供水稳定性

1. 计划停水

（1）评价要求

供水企业应保持不间断供水，尽量减少计划性停水。企业应制定实施计划停水预告制度。

（2）评价内容

a. 制订并实施计划性停水预告制度和临时性停水通告制度；

b. 由于工程施工、管道维修或检修等原因需要计划性停水或降低水压，应提前24h通知受影响的客户，并按时恢复供水。停水或降压超时应及时通知客户。计划停水公告内容应包括：停水或降压供水原因，停水或降压供水的时间，停水或降压供水范围以及恢复正常通水时间。对于因发生事故造成非计划性停水的，供水企业在抢修的同时应通知受影响的主要用户和住宅小区管理处，若无法再预计时间内修复的，应及时通知用户做好解释说明工作；

c. 计划停水时间超过24h、供水企业应视抢修情况采取临时供水措施，向受影响范围内的居民集中区域采取送水等临时供水措施。

（3）评价方法

a. 查看公司计划性停水预告制度和临时性停水通告制度；

b. 查看近期发布的停水通告。

2. 保证连续供水

（1）评价要求

保证连续供水。

（2）评价内容

a. 建立备用水源、应急备用水源或相邻城市间实现区域供水联网联供，有安全供水保障的措施；

b. 每年根据城市发展情况进行水量预测，制定年度供水计划；

c. 制定相关保障方案并实施；

d. 保持连续正常供水。

（3）评价方法

a. 查看应急水源、备用水源现场及相关文件资料；

b. 查年度供水计划；

c. 查相关保障方案；

d. 电话调查用户。

3. 保持水压稳定

（1）评价要求

保持水压稳定。

（2）评价内容

供水管网压力应满足多层普通住宅的用水需求；配水压力不能满足时，建设单位或者城市供水企业应建设集中增压设施。按规范合理设置测压点。

（3）评价方法

a. 抽查企业 5 个以上有代表性的管网压力点的压力，每发现一处不达标的，扣分；

b. 抽查用户的增压设施 2～3 处，看是否满足要求，发现 1

处不符合，扣分；

c. 测压点数量要符合标准，若数量不够扣分；查测压点分布，若不满足要求扣分；查压力检测，若不满足要求扣分。

4. 管道抢修及时性

（1）评价要求

建立供水管网漏水检查、巡视制度。供水设施发生突发性事故后，供水企业要及时组织抢修，管网抢修及时率≥97％。

（2）评价内容

a. 供水企业应建立供水管网漏水检查、巡视制度；

b. 自检发现的漏点应按照规定要求及时修复。供水管道突发性爆管、折断等事故及一般的明漏、暗漏应在接到报漏电话之时起4h内止水，并立即组织抢修（特殊情况除外）。除非本企业的障碍外，明漏自报漏之时起，暗漏自检漏人员正式转单报修之时起计算；

c. 管网抢修及时率为：供水企业在规定时间内完成抢修恢复供水的次数占全年抢修次数的百分比，考核期为1年；

d. 管道抢修通水时间的要求：抢修工作开始后，$DN<100mm$ 的管道12h内修复通水；$DN100～DN300mm$ 以下的管道24h内修复通水；$DN300～DN500mm$ 管道36h内修复通水，$DN500mm$ 及以上的管道48h内修复通水。（亦可参考供水企业社会承诺中抢修通水相关规定）

（3）评价方法

a. 查看管网漏水检查、巡视制度相关文件资料；

b. 查看管网抢修台账和抢修及时率大于97％的证据并进行复核。

5.2.2.3　缴费及账单

1. 账单的准确性

（1）评价要求

建立完善的抄表、稽核制度，有一套严谨的水费结算体系，有严格的账务销账制度，用户能及时、准确的看到自己的水费消费账单，用户明明白白消费。

(2) 评价内容

a. 用户能按时收到或查到自己的水费账单，如短信账单（手机号），电子账单（E-mail），纸质账单，语音账单等；

b. 用户对接收到的账单能清晰明了地知道自己的消费记录和账户的变更情况等；

c. 用户收到的账单上抄表数据、消费金额、余额、水价等各类数据的逻辑关系应合理、准确，并与实际相符；

d. 用户各种方式获取的账单数据应完全一致。

(3) 评价方法

a. 查看是否有一套科学合理的营销系统支持水费结算；

b. 查看用户过户变更、水量变化、水价变更等是否走流程，做到有据可查、有据可依；

c. 查看抄表员、销账员是否严格按规章制度及时、准确抄表、销账；

d. 查看是否定时以短信、电话、纸质、电子文件等方式发送用户抄表情况账单、欠费账单、消费账单、全年用水账单等，并核实这些账单数据的准确性；

e. 随机抽查多个用户的各类应收账单、消费账单，查看抄表数据、水费结算是否正确，并与用户进行核实。

2. 缴费的便利性

(1) 评价要求

建立"一站式"服务营业大厅或其他形式的供水服务网点；委托多家银行代收、代扣，并且满足用户自愿选择的原则；兼顾公司成本充分利用当地资源，提供多种收费渠道，解决用户缴费远、缴费难、缴费时间受限制的问题。

(2) 评价内容

a. 建立"一站式"服务营业大厅，确保能满足所有用户缴费需求的供水服务网点（多种形式）的数量、服务网点地理位置是否分配合理（根据供水面积大小，每 $50\sim70km^2$ 建立一个供水服务网点），交通便利使用户无缴费远的意见；

b. 用户是否有权自主选择水费代收、代扣银行，可供选择的银行家数有几个；

c. 用户能否通过网银、充值卡、POS 机、合作营业厅代收等多种渠道充值缴费，满足用户 24h 服务需求；

d. 对大用户、重点用户、特殊困难用户提供上门服务；

e. 是否将现有的各类收费方式明白告知用户，引导用户选择合适的缴费模式。

（3）评价方法

a. 查看收费的种类；

b. 查看各种收费方式用户数，各代扣银行的开户数；

c. 查看营业网点的数量、位置是否合理；

d. 查看是否有 24h 收费服务渠道；

e. 查看宣传的力度、引导的方式；

f. 抽样了解用户对缴费是否便捷的感受。

5.2.2.4 客户服务

1. 服务多样性

（1）评价要求

提高服务效能，积极主动创新多种服务方式，不断深化延伸服务内涵。为客户提供满足客户需求的有品质的星级服务。

（2）评价内容

a. 实现以客户需求为导向的人性化服务。对不同类型用户、不同的用水需求，提供不同的服务。针对用水大户，可以提供重点用户 VIP 上门服务等大客户服务；

b. 实现供水服务信息化服务，通过营业厅查阅、短信公布等方式为客户提供水质信息、业务流程办理等信息，提高客户的供水服务知情权；

c. 借助现代化技术的应用实现服务管理智能化。建立内部计算机网络，实现办公自动化管理。用户档案、表务管理、供用水合同等实现计算机辅助管理。

（3）评价方法

a. 查看相关的服务信息资料及记录；

b. 随即抽查若干服务方式，验证多种服务方式的有效性。

2. 服务开放性

（1）评价要求

建立统一的客户服务中心，设置对外的服务窗口，开通 24h 供水服务热线电话。推行社会服务承诺制、首问责任制、行风监督员制等配套的供水服务保障措施。

（2）评价内容

a. 建立面对企业、居民、街道社区等公众服务的客户服务中心；

b. 设立 24h 供水服务热线电话，全天候接受用户咨询、求助及投诉，积极采用现代化服务手段、方式（热线信息处理系统），为用户提供高效便捷的服务；

c. 制定服务承诺制度的内容、项目，有条件的要逐年有所提高；

d. 建立首问责任制；

e. 每年向社会聘请行风监督员，定期召开行风监督员会议，并对行风监督员提出的问题采取改进措施。

（3）评价方法

a. 现场查看对外服务窗口（服务大厅、客服中心、客户热线中心）；

b. 查看热线服务工作制度，来电登记台账，并在任一时段随机抽查热线接听情况；

c. 查看热线受理诉求信息处理系统；

d. 查看社会服务承诺制、首问责任制、行风监督员制等承诺服务制度；

e. 查看行风监督员名单及行风监督员实施监督的实际效果，主要查看行风监督员会议纪要、对行风监督员反馈意见的整改、落实纪录等并抽查 1～2 名行风监督员了解行风监督开展情况；

f. 用随机抽样方式，验证首问责任制执行情况。

3. 联系群众的便利性

（1）评价要求

建立健全的用户档案。

（2）评价内容

a. 建立和健全用户档案管理制度，设有用户档案库。形式根据条件以电子版本为主，纸质为辅；

b. 非居民一户一表制用户档案一般应包括：用户接水申请书、施工合同、用户供水接点图、供用水合同、银行托收协议等。居民一户一表制用户档案一般应包括：一户一表制改造协议、供用水合同、银行代扣代缴协议等；

c. 建档率以评价日上月末用户总数、建档用户数为依据；

d. 用户档案不健全指建档用户数量的缺少、用户档案内容不健全的总和；

e. 计算：建档率（N）是指：建档用户数占总用户数的比例。

（3）评价方法

a. 随机抽查 20 个用户档案，检查用户档案的完整性与规范性；

b. 将用户档案数与营销系统中的用户数进行核对，计算用户档案建档率。

5.2.2.5　公众交流

1. 公众交流的充足性

（1）评价要求

开展有计划的、有一定频率的公众交流活动。

（2）评价内容

a. 制定内容详尽的公众交流年度计划：与投资者、政府和相关部门、媒体的定期汇报交流；开展经常性的业务交流（如营销人员业务交流，VIP 客户定期回访等）；制定实行公众体验活动计划（如：水厂开放日，各种座谈会、企业活动等）；

b. 制定交流过程的规范；

c. 提供多样性交流平台及交流渠道（直接交流、电话交流、会议交流、活动交流、网络交流），并确保这些平台畅通；

d. 企业突发事件预案里应包括公众交流的相关规范（危机公关的内容）。

(3) 评价方法

a. 考核经常性交流的频率（4 次/年），如营销员交流及 VIP 客户交流，调看相关台账记录；

b. 查看服务交流规范，公众活动的标准规程，抽样查看交流渠道的畅通程度；

c. 调看与政府、相关部门及媒体交流记录；

d. 抽样调查客户对交流的感受。

2. 公众宣传的充足性

(1) 评价要求

运用多种宣传方式进行有计划的公众宣传活动。

(2) 评价内容

a. 制定公众宣传的年度计划，确定多样化宣传的内容；

b. 提供多样性宣传方式（企业杂志、报纸，公司网站版面，营业厅布置，公司 CIS 执行情况），选择方式被客户接受的程度，宣传方式的覆盖程度；

c. 宣传的纵深度，能否起到预想的效果。对不同用户进行分层次宣传，内容是否适当（普及性、专属性）。

(3) 评价方法

a. 查看宣传计划及相关宣传资料；

b. 电话随机抽查用户宣传的到达度、接受度。

3. 客户反馈渠道/投诉方式

(1) 评价要求

建立和完善客户信息反馈渠道及投诉方式，并保持客户诉求通道的畅通。

（2）评价内容

a. 建立客户信息反馈渠道（来函、来信，客服热线，公司网站，新闻媒体，政府公共呼叫平台等）；

b. 保持客户反馈渠道的畅通，实现诉求有效；

c. 建立客户投诉处理制度，及时处理用户诉求，建立投诉处理台账。

（3）评价方法

a. 查看各客户信息来电、来函、来信等方式反馈信息的记录；

b. 用随机抽查方式，验证客户热线、公共呼叫平台畅通情况；

c. 查看2年内的客户投诉处理台账。

4. 企业信息发布渠道

（1）评价要求

信息发布渠道的多样化，信息发布要及时、全面、规范性。

（2）评价内容

a. 制定信息发布的规范，明确信息发布的内容和范围；

b. 保证信息发布渠道多样性，根据内容有合理的表现形式（充分考虑信息发布覆盖面）：外部报纸、媒体、网络（第三方平台）；内部刊物、各种宣传、服务手册；手机短信，寄送的水费账单；内部网站、热线电话；营业厅、上门服务人员；社区广告栏。

（3）评价方法

a. 查看各种信息发布渠道的信息；

b. 抽样调查部分用户对信息的接受情况；

c. 查看信息发布的规范。

5.2.2.6　水价价格

（1）评价要求

水价制定的流程、执行情况，当地居民的满意度。

（2）评价内容

a. 价格制定的合理性：有调整水价的报告，报告内容对成本分析清楚，理由充分；执行价格前召开调价公开的听证会，水价是否能体现优质优价的原则；

b. 价格执行的规范性：水价分类清晰，水价公开透明，执行到位；

c. 价格的满意度，优质优价指数；

d. 在"普遍遵从"的价格原则之外对弱势群体实行特殊补贴政策。

（3）评价方法

a. 查看调价报告、听证会相关报道；

b. 查看调价文件、成本监审报告，看营业厅、公司网站公示，查看水费发票存根，随机抽取用户单位访谈；

c. 调看对弱势群体特殊补贴政策的文件和实施台账；

d. 评价指标：该指标越高说明水价越有优势，提升空间越大。

$$优质优价指数 = \frac{水司自来水水质监测合格指标项目}{国家标准水质指标项目}$$
$$\times \frac{参与考评的所有水司平均基本水价（元/m^3）}{水司基本水价（元/m^3）}$$

$$(5-2)$$

5.2.2.7 公司整体形象

1. 整体感觉

（1）评价要求

良好的企业形象，较强的筹资能力，精干的人才队伍，有较强的凝聚力和核心竞争力。

（2）评价内容

a. 统一着装是企业的形象标志，可以从视觉上决定企业的形象定位；

b. CIS 企业形象识别系统（包括理念识别、行为识别和统一的工作服、办公用品等视觉识别系统）的相互感应；

c. 员工庄重和一丝不苟的态度，整齐协调、端庄稳重的整体感觉。

（3）评价方法

a. 查看员工的着装以及办公场所；

b. 查看员工手册和公司相关管理规定；

c. 电话访问或现场感受员工的服务态度。

2. 技术可靠

（1）评价要求

先进的制水技术、完善的制水配套设施和完整的管网维护系统。

（2）评价内容

a. 先进的制水技术是产品的品质保证，可以从质量上决定企业的形象定位；

b. 完善的制水配套设施是产品营销的必备条件，是多供好水的有力保障；

c. 完整的管网维护系统是满足用户不间断用水的强有力措施。

（3）评价方法

a. 现场勘察；

b. 查看相关管理制度和技术规范；

c. 抽查相关的运维记录。

3. 高质量标准

（1）评价要求

高质量标准服务，是一个比较概念化的词。最终目的是带来顾客的消费愉悦，进而达成客户满意，进而形成口碑传播。

（2）评价内容

a. 营业窗口整洁，设备、资料摆放有序，服务规范化、文明化、温馨化。窗口工作人员严格遵守工作纪律，团队成员职业化形象；

b. 办事程序规范，窗口工作人员熟悉岗位业务，掌握营业大厅运作程序，能熟练使用窗口办公设备，具有较高的业务水平和较强的协调能力、文字表达能力；

c. 工作人员接待物件按时办结率和准确率；

d. 制定完善的培训计划，定期进行服务人员培训；

e. 客户的信任度。客户对公司的满意度和信任度（也称为忠诚度），是综合评价公司信誉、实力和高质量服务水平高低的一块试金石；

f. 客户需求信息准确度的把握。

（3）评价方法：

a. 通过检查、抽查、神秘暗访等方式，对营业大厅进行评价；

b. 以问卷调查形式对客户满意度反馈进行评价；

c. 查看培训计划及培训活动资料；

d. 查看工作办结情况资料（如借助营销系统等现代化平台）；

e. 通过对员工业务询问对服务的专业化程度进行评价。

4. 公开透明服务

（1）评价要求

供水企业是一个事关国计民生的城市功能性和社会公益性企业，关系老百姓的切身利益，产品是否符合技术规范，供水企业的经营状况、财务核算、成本控制、收费标准、办事程序必须经受住社会的审计、监督，满足客户的知情权、监督权。

（2）评价内容

企业信息、相关制度等公开透明，确保大众知情权。

（3）评价方法

a. 查看相关收费项目及复核工作流程；

b. 随机抽样测评相关公开内容。

5.2.3 评价标准

服务支持指数评价标准详见表3。

表3 服务支持指数评价标准

服务支持指数	评价项目分数	评 价 标 准
水质 （8分）	水质总体满意度 （8分）	1. 尚未建立水质公告制度，扣2分。 2. 尚未实施水质公告制度，扣1分。 3. 未定期开展水质满意程度相关调查的，扣2分。 4. 无故缺失、遗漏用户水质投诉处理记录台账的，扣1分。 5. 未实行用户水质满意回访制度，扣2分
供水稳定性 （20分）	计划停水 （5分）	1. 尚未建立计划停水公告制度和临时性停水通告制度的，扣1分。 2. 未实施计划停水公告制度和临时性停水通告制度的，扣2分。 3. 停水公告内容不完整的，扣1分。 4. 计划停水对客户用水影响较大时，未采取临时供水措施的，扣1分
	保证连续供水 （5分）	1. 查看现场，没有应急水源、备用水源或者相邻城市间实现管网连通的，扣1分；没有建立安全供水保障措施的，扣1分。 2. 没有制定年度供水计划的，扣1分。 3. 未制定相关保供方案的，扣1分。 4. 电话调查4～5个用户，企业是否能做到不间断供水，无随意停止供水，没有做到的，扣0.5分，扣完1分为止
	保持水压稳定 （5分）	1. 有代表性的管网压力点的测量的压力，每发现一处不达标的，每个扣0.5分，扣完2分为止。 2. 企业的增压设施2～3处，要满足要求，发现1处不符合，扣0.5分，扣完1分为止。 3. 查测压点数量，若数量不满足行业标准的，少一个扣0.2分；查测压点分布，若不满足要求的，扣0.5分；查压力检测，有一个不满足要求的，扣0.2分；扣完2分为止
	管道抢修及时性 （5分）	1. 未制定供水管网漏水检查、巡视制度，扣1分。 2. 管网抢修及时率每降低1%，扣0.5分，扣完4分为止

服务支持指数	评价项目分数	评 价 标 准
缴费及账单 （10分）	账单的准确性 （6分）	1. 用户变更资料、抄表数据调整不通过系统规范流程，事后无迹可寻，扣0.5分。 2. 无稳定的计费体系，扣1分。 3. 无规范的抄表管理制度，扣0.5分；无严格的数据审核机制，扣0.5分；抄表不定时，扣0.5分；抄表后不能及时、准确通过短信、电话、纸质等方式提供用户用水情况账单，扣0.5分。 4. 无严格的销账管理制度，用户缴费后不能及时、准确通过短信、电话、纸质、电子文件等方式提供用户消费情况账单，扣0.5分。 5. 用户欠费后不能及时、准确通过短信、电话、纸质、电子文件等方式提供用户欠费情况账单，扣0.5分。 6. 用户多渠道获取的账单数据不一致，扣0.5分。 7. 无用户用水、消费账单的，扣0.5分。 8. 账单内容不清晰明了、数据逻辑关系混乱，扣0.5分
	缴费的便利性 （4分）	1. 未建立"一站式"营业大厅的，扣0.5分；供水服务营业网点数量偏少的，扣0.2分；网点位置分布不合理的，扣0.3分。 2. 用户无银行代扣自主选择权的，扣0.5分；选择少于3家的，扣0.5分。 3. 未充分利用资源，开拓多种收费渠道，扣0.5分；渠道开通过少，扣0.3分；无24h缴费渠道，扣0.2分。 4. 不能正确引导用户选择合适的缴费方式，扣1分

续表3

服务支持指数	评价项目分数	评 价 标 准
客户服务 （17分）	服务多样性 （2分）	少于3种服务方式的，扣2分
	服务开放性 （12分）	1. 无统一对外服务窗口，建立客户服务中心的，扣2分。 2. 未开通24小时热线电话的，扣2分。无现代化热线信息处理系统的，扣2分。 3. 尚未向社会公布社会服务承诺制或尚未建立社会服务承诺制的，扣2分。 4. 尚未建立首问责任制制度的，扣2分。 5. 尚未向社会聘请行风监督员或尚未开展行风监督员会议活动的，扣2分
	联系群众的便利性 （3分）	1. 未建立用户档案管理制度，未设置用户档案库的，扣1分。 2. 用户档案不健全的，扣1分。 3. 建档率 $N<80\%$ 的扣1分；建档率 $80\%\leqslant N<90\%$ 的扣0.5分；建档率 $N\geqslant90\%$ 的，不扣分
公众交流 （15分）	公众交流的充足性 （4分）	1. 未制定内容详尽的公众交流的年度计划的，扣1分。 2. 有无营销人员服务、交流的规范的，扣0.5分；公众体验活动室未制定明确的主题的，扣0.5分；没有制定活动标准规程的，扣0.5分；参加活动的有关记录不完整（签到簿，会议内容，效果评价）的，扣0.5分。 3. 交流的渠道少于3种方式的，扣0.3分；交流渠道不畅通的，扣0.2分。 4. 企业突发事件的预案里不包含公众危机公关内容的，扣0.5分

续表 3

服务支持指数	评价项目分数	评 价 标 准
公众交流 （15分）	公众宣传的充足性 （4分）	1. 没有制定详实的宣传计划的，扣1分。 2. 宣传方式少于3种的，扣1分。 3. 宣传方式覆盖程度不广的，扣1分。 4. 没有针对不同用户分层次宣传，内容不适当的，扣1分
	客户反馈渠道/ 投诉方式 （4分）	1. 尚未建立客户信息反馈渠道的，扣1分。 2. 未记录用户反馈信息记录的，扣0.5分。 3. 尚未建立客户投诉处理制度的，扣1分。 4. 未及时处理用户诉求的，扣1分。 5. 用户投诉处理后没有或无完整台账的，扣0.5分
	企业信息发布渠道 （3分）	1. 信息发布渠道少于3种的，扣1分。 2. 企业发布的信息从未更新的，扣1分。 3. 信息发布的覆盖面不广的，扣1分
水价 （5分）	水价价格 （5分）	1. 无调价报告或报告对成本分析不清的，扣1分；未召开听证会的，扣1分。 2. 水价分类不清扣0.5分，水价未公开扣1分；水价未按照标准执行或有部分未按照执行的，扣0.5分。 3. 水价的满意度：可以用当地执行水价与周围城市水价相比是否较低，低则不扣分，高于20%的，扣1分

续表3

服务支持指数	评价项目分数	评 价 标 准
公司整体 形象 (25分)	整体感觉 (5分)	1. 无统一着装的，扣1分。 2. 没有CIS企业形象识别系统的，扣2分。 3. 员工工作中不使用文明用语，举止态度不好的，扣2分
	技术可靠 (6分)	1. 没有自动化制水配套设施的，扣3分。 2. 没有完整的管网维护系统的，扣3分
	高质量标准 (8分)	1. 营业窗口不整洁，设备、资料摆放无序，服务规范化、文明化、温馨化不够的，扣1分；窗口工作人员未遵守工作纪律，团队成员职业化形象拖沓的，扣1分。 2. 办事程序不规范，窗口工作人员熟悉岗位业务程度不够的，扣1分。 3. 工作人员接待物件没有按时办结和不准确的，扣1分。 4. 未制定服务人员培训计划的，扣1分；未开展培训活动的，扣1分。 5. 客户对公司的满意度和信任度不够好的，扣1分。 6. 对顾客需求信息没有及时把握并解决的，扣1分
	公开透明服务 (6分)	1. 收费项目和办理程序未公开的，扣1分。 2. 工作纪律及岗位职责未公开的，扣1分。 3. 收费标准未公示的，扣1分。 4. 水质检测结果未公开的，扣1分。 5. 监督机制未公开的，扣1分。 6. 未定期公开年度生产经营与管理目标的完成情况的，扣1分

注：在评定中，请将评价内容、评价标准、评价方法三者结合进行评分。由于考虑城市所处地域差异，相关服务制度制定存在差异，评级单位可于特殊情况进行解释说明，评级专家可视实际情况进行评定。

5.3 抄表到户率

5.3.1 采集指标

a. 已安装的表数（个）

b. 总生活用水量（m³/月）

c. 所有一户一表用水量（m³/月）

5.3.2 计算方法

$$抄表到户率 = \frac{已安装的表数}{应安装的表数} \times 100\%，单位：（\%）\quad (5\text{-}3)$$

$$应安装的表数 = \frac{总生活用水量}{平均每户生活用水量}，单位：（个）\quad (5\text{-}4)$$

$$平均每月每户生活用水量 = \frac{所有一户一表用水量}{规范使用的已安装表数}，$$

$$单位：（m³/月/个）\quad (5\text{-}5)$$

说明：

1. 在已安装和应安装表数统计数据真实有效的情况下（可参考当地电表数据），可直接进行计算；

2. 抄表到户率统计对象不包括城中村、住宅小区和农村等不要求（要求提供证明文件）抄表到户的用户地区，该部分水量应剔除，不计入总生活用水量；

3. 公式（5-4）总生活用水量不含非居民的生活用水量，如学校、军队等；

4. 公式（5-5）规范使用的已安装表数不含零水量水表。

5.3.3 评分标准

抄表到户率评分标准详见表4。

表4 抄表到户率评分标准

抄表到户率（%）	得 分
X>90	100
20<X≤90	50～100

抄表到户率（%）	得　分
$5 < X \leqslant 20$	$0 \sim 50$
$X \leqslant 5$	0

得分计算公式：

$$B = 50 \times (X - 20)/70 + 50 \quad (20 < X \leqslant 90)$$
$$B = 50 \times (X - 5)/15 \quad (5 < X \leqslant 20)$$

6 水 质 指 标

　　水质指标分数占供水服务指标体系总分的30%。
　　水质指标包括水质合格率、水质管理体系和水质相关检测能力等3个指标，分别占水质指标分数的30%、30%和40%。
　　水质指数评级的"准入"和"限制"条件
　　（1）对水质合格率设置"准入"条件：
　　自检水质合格率中，若单项合格率出现95%以下的取消评级资格。
　　（2）水质相关检测能力设置"限制"条件：
　　a. 其中满足国标常规42项检测能力，并经过实验室资质认定（或实验室认可）为评定AAA级及AAAA级的限制条件；
　　b. 满足国标常规42项和国标非常规64项检测能力，并经过实验室资质认定（或实验室认可）为评定AAAAA级的限制条件。

6.1 水质合格率

　　《生活饮用水卫生标准》GB 5749—2006是供水企业执行的最高法定水质标准，该标准规定城市集中式供水企业水质检测合格率按照《城市供水水质标准》CJ/T 206—2005执行，CJ/T 206—2005共规定5项合格率，分别为出厂水9项综合合格率、管网水7项综合合格率、综合合格率、常规项目合格率和非常规项目合格率。由于水质合格率是对供水企业供水区域内多个取水点、多个项目水质状况的加权统计结果，因此它是衡量和评价供水企业供水处理能力优劣的重要指标。

6.1.1 采集方法

　　水质合格率包括自检和第三方检测两个方面，各占50分，第三方检测归口当地政府相关政府部门。根据国标要求，各项水质合格率应达到95％以上为准入的基本要求；单项得分按比例插入法计分，总分为各单项分数相加。

自检：各单项合格率的考核以年度合格率的统计来计分，年度合格率按月度合格率的加权平均进行统计；若出现单月单项合格率低于95％的现象，应取消评级资格。

第三方检测：当地有政府相关监督部门抽检的，按"政府监督"部分评分，总分50分；如果当地没有政府相关监督部门抽检的，按"送检"部分评分，由于基准降低，总分为40分。

6.1.2 指标计算方法与评分标准

（1）计算公式

综合水质合格率（％）＝

$$\frac{管网水7项各单项合格率之和＋42项扣除7项后的综合合格率}{7＋1}\times100\%$$

（6-1）

$$管网水7项各单项合格率（％）＝\frac{单项检验合格次数}{单项检验总次数}\times100\%$$ （6-2）

42项扣除7项后的综合合格率（35项）（％）＝

$$\frac{35项加权后的总检验合格次数}{各水厂出厂水的检验次数\times35\times各该厂供水区分布的取水点数}\times100\%$$

（6-3）

（2）评分标准

水质合格率评分标准详见表5。

表5　水质合格率评分标准

水质合格率	评分 ＼ 合格率	95％	96％	97％	98％	99％以上
自检水质合格率（满分50分）	出厂水9项合格率（10分）	6	7	8	9	10
	管网水7项综合合格率（10分）	6	7	8	9	10

水质合格率	评分 \ 合格率		95%	96%	97%	98%	99%以上
自检水质合格率（满分50分）	综合合格率（10分）		6	7	8	9	10
	出厂水常规42项合格率		6	7	8	9	10
	出厂水非常规64项合格率（10分）		6	7	8	9	10
第三方检测（满分50分）	政府监督（满分50分）	出厂水常规42项合格率（20分）	12	14	16	18	20
		出厂水非常规64项合格率（20分）	12	14	16	18	20
		管网水7项综合合格率（10分）	6	7	8	9	10
	送检（满分40分）	出厂水常规42项合格率（16分）	9.6	11.2	12.8	14.4	16
		出厂水非常规64项合格率（16分）					
		管网水7项综合合格率（8分）	4.8	5.6	6.4	7.2	8

注：合格率介于95%～96%之间，按比例插入法计分，以后类推。

6.2 水 质 管 理

水质管理是确保水质达标不可缺少的内容，分为水质检测制度、水质管理体系和突发事件处理能力三方面。

6.2.1 评价要求

水质检测制度要求：

（1）供水企业应依据国标 GB 5749—2006 对水质检测的要求，设立完善水质检测体系，分别对水源、过程、出厂及管网水，按国标要求的项目和频率进行检测；

（2）对管网水的监测设点要求：以每2万人（服务人口）设置一个管网监测点为基本要求（取整数）。

对于20万以下人口城镇管网监测点酌情增加，按表6计算：

表6 管网监测点数量

人口数量	10万以下	10～12万	12～14万	14～16万	16～18万	18～20万
管网监测点数量（个）	5	6	7	8	9	10

注：1. 对于10万以下人口城镇管网监测点应按照东、西、南、北、中五个方向至少设置5个管网监测点。

2. 20万到100万人口城市，以每2万人设置一个管网监测点。

3. 100万人口以上人口城市管网监测点酌情减少，计算方法为管网监测点数量＝50＋（人口数量－100）÷2.5

公式说明：管网监测点数量＝100万人口按照每2万人设置一个管网监测点＋超出100万人口部分管网监测点数量酌情减少按照2.5万人设置一个城市监测点。

（3）除了供水企业自检外，有完善的第三方监督检测及信息通报机制。

水质管理体系要求：

（1）对水厂的水质进行监控管理；

（2）有饮用水卫生管理：净水构筑物有消毒管理制度，直接从事制水的人员有培训证、健康证，使用的管材有涉水卫生批件；

（3）净水原材料质量管理：使用的净水原材料有涉水卫生批件，按国标或行标对净水原材料进行严格的质量检测，有完善的采购、验收制度；

（4）建立纠正与预防措施制度，并有实际应用；

（5）有水质指标考核制度。

突发事件处理能力要求：

（1）有完善的应急预案体系，包括水源、水厂和管网三部分；

（2）有应急技术储备并形成技术指引；

（3）有应急物资储备或应急供货合同；

（4）开展系统的应急演练；

（5）有足够的应急检测能力，能够检测重金属、有机物、生物毒性等多种类别；

（6）建立多种途径的流域性水源联动机制。

6.2.2 评分标准

水质管理指标评分标准详见表7。

表 7　水质管理指标评分标准

水质管理	评价项目分数	得分		
水质检测制度（满分21分）	设置完善检测体系（10分）	未设置检测体系、没有水质检测记录（0分）	有检测体系、分工明确、水质检测记录缺失（6分）	有完善的检测体系、分工明确、水质检测记录完整（10分）
	设置管网人工监测点（3分）	满足采样点设置要求的50%以上（1分）、50%以下（0分）	满足采样点设置要求（2分）	满足采样点设置要求，并根据生产管理需要增设一些管网水质监测点（3分）
	新装、改装管道验收（3分）	没有过程检测记录与检测结果（0分）	有水质检测结果（2分）	能够提供新装、改装管道验收记录与水质检测结果（3分）
	政府部门监督检测（5分）	检测没有形成规范（0分）		有规范检测（5分）
水质管理体系（满分52分）	水质管理体系通过ISO 9001认证（10分）	没有通过认证（0分）		通过认证（10分）
	水厂水质监督管理制度（10分）	没有水源、待滤水和出厂水的水质监控管理或水质检测数据（0分）	有水源、待滤水和出厂水的水质监控管理或水质检测数据（6分）	有水源、待滤水和出厂水的水质监控管理或水质检测数据、日常有配备在线检测仪器实施监控（10分）
	水质指标考核（10分）	没有水质指标考核制度（0分）		有水质指标考核制度（10分）

续表7

水质管理	评价项目分数	得　　分		
水质管理体系（满分52分）	饮用水卫生管理（6分）： 1. 净水构筑物有消毒管理制度； 2. 直接从事制水的人员有培训证、健康证； 3. 使用的管材有涉水卫生批件	满足1条（2分），1条都不满足（0分）	满足2条（4分）	满足3条（6分）
	净水原材料质量管理（6分）： 1. 使用的净水原材料有涉水批件； 2. 按国标或行标对净水原材料进行严格的质量检测	1条都不满足（0分）	满足1条（3分）	满足2条（6分）
	纠正与预防措施（10分）	没有纠正与预防措施制度且不能够提供水质管理体系预防措施的记录（0分）	有纠正与预防措施制度（5分）	有纠正与预防措施制度，水质管理体系各环节能自主发现问题，及时进行原因分析，并采取纠正、预防措施，留有完善的纠正、预防措施记录（10分）

续表 7

水质管理	评价项目分数	得	分	
	水质应急预案包括（10分）： 1. 水源水质应急预案； 2. 水厂水质应急预案； 3. 管网水质应急预案	1 条都不满足（0 分），满足 1 条（3 分）	满足 2 条（6 分）	满足 3 条（10 分）
突发事件处置能力（27 分）	应急技术储备（3 分）	没有技术储备（0 分）	有相应的技术储备，但未实际处理过对应的污染（2 分）	有相应的应急技术储备，且妥善处理过对应污染（3 分）
	应急物资储备或应急供货合同（2 分）	没有应急物资储备，也没有应急供货合同（0 分）	有应急物资储备及应急供货合同（2 分）	
	突发事件处理经过风险识别和内部专家的评审（2 分）	没处理过突发事件或没有对突发事件进行风险识别和内部专家的评审（0 分）	对突发事件处理经过风险识别和内部专家的评审（2 分）	

续表 7

	评价项目分数	得　　分			
水质管理	突发事件处置能力(27分)	应急演练(3分)	没有应急演练(0分)	有应急演练，没有记录(1分)	有应急演练和记录，没有形成制度(2分)	有完善的应急演练制度，并有完整的演练记录(3分)
		应急检测能力包括(3分) 1. 重金属; 2. 有机物; 3. 生物毒性	仅能检测 0~1 类(0分)	能够检测 2 类(1分)	能够检测 3 类(2分)	能够检测 3 类、项目达 20 项以上(3分)
		建立流域性水源联动机制(4分)	基本没有流域性联动机制(0分)	建立了单一流域性联动机制(2分)		建立了多种途径的流域性联动机制，如加入水源所属流域流动网，与水文局和环保局有互动机制等(4分)

6.3 水质相关检测能力

《生活饮用水卫生标准》GB 5749—2006 自 2006 年 12 月颁布后，水质检测指标从 35 项上升为 106 项。检测能力与供水企业水质监控、产品评价水平高低密切相关，因此，为确保供水水质达到标准要求，将检测能力纳入供水服务评级，不仅有利于促进各供水企业进一步深化检测能力提升工作，也有利于从另一个侧面推进水质全面达标工作。

水质相关检测能力分为供水检测能力、水源检测能力和净水原材料检测能力三个方面。

6.3.1 评价要求

供水检测能力参照《生活饮用水卫生标准》GB 5749—2006 对生活饮用水的检测能力的要求；细分为国标常规 42 项和国标非常规 64 项检测能力（具体检测项目详见 CJ/T 206—2005 和 GB 5749—2006 规定）。

水源检测能力分为地表水检测和地下水检测两类，其中地表水检测能力依据《地表水环境质量标准》GB 3838—2002，细分为基本项目加补充项目的 29 项能力和特定项目的 80 项能力；地下水检测能力依据《地下水质量标准》GB/T 14848—1993，含标准要求 39 项。

净水原材料检测能力要求为标准规定混凝剂项目的检测能力，种族要依据《城镇供水厂运行、维护及安全技术规程》CJJ 58—2009 中供水厂应对净水原材料进行的质量监控内容。

6.3.2 评分标准

水质相关检测能力评分标准详见表 8。

表 8　水质相关检测能力评分标准

水质检测能力	评价项目分数 ＼ 得分		得　　分
供水检测能力 （满分 60 分）	《生活饮用水卫生标准》 GB 5749—2006	国标常规检测项目 的 42 项（30 分）	国标 42 项为 30 分，每少 1 个项目扣 1 分

续表 8

水质检测能力	评价项目分数 ＼ 得分		得　　分
供水检测能力 （满分 60 分）	《生活饮用水卫生标准》 GB 5749—2006	国标非常规检测项目的 64 项（30 分）	国标 64 项为 30分，每少 1 个项目扣 0.5 分
水源检测能力 （满分 30 分）	《地表水环境质量标准》 GB 3838—2002	基本项目加补充项目的 29 项（20 分）	29 项为 20 分，每少 1 个项目扣 1 分
		特定项目 80 项（10 分）	80 项为 10 分，每少 1 个项目扣 0.15 分
	《地下水质量标准》 GB/T 14848—1993	标准要求 39 项（30 分）	39 项为 30 分，每少 1 个项目扣 1 分
净水原材料 检测能力 （满分 10 分）	混凝剂	标准规定混凝剂项目都能检测（10 分）	在用混凝剂质量标准所要求的检测项目，每少 1 个项目扣 1 分

注：如当地同时采用地表水和地下水水源时，地表水和地下水检测项目各自计算分
　　数后相加，再乘以 50%。

7 供水能力指标

供水能力指标分数占供水服务指标体系总分的 20％。

供水能力指标包括水厂生产能力保障系数、管网压力合格率 2 个指标，各占供水能力指标分数的 50％。

7.1 水厂生产能力保障系数

7.1.1 采集指标

a. 水厂设计能力冗余度（水厂设计生产能力、日最大供水需求量）；

b. 备用水源用水保障度（备用水源供水量、日平均用水需求量）；

c. 水厂生产电源保障度（配备双电源供水设计能力、总设计供水能力）；

d. 供水应急预案。

7.1.2 计算公式及评分细则

水厂生产能力保障系数＝ 水厂设计能力冗余度×60％＋备用水源用水保障度×15％＋水厂生产电源保障度×15％＋供水应急预案×10％

$$(7-1)$$

（1）水厂设计能力冗余度（表 9）

$$\text{水厂设计能力冗余度} = \frac{\text{水厂设计生产能力－日最大供水需求量}}{\text{水厂设计生产能力}}$$

×100％，单位：（％） $(7-2)$

表 9 水厂设计能力冗余度评分标准

水厂设计能力冗余度（％）	得 分
$X \geqslant 10$	100

42

续表 9

水厂设计能力冗余度（%）	得 分
5≤X<10	80～100
0≤X<5	60～80
X<0	0

说明：当 $X<0$，即水厂设计生产能力<日最大供水需求量时，在实际生产实践中已经难以估计日最大供水需求量，因此当 $X<0$ 后，该指标的计算数值已经不具生产指导意义，因此不分级评分。

（2）备用水源用水保障度（表 10）

$$备用水源用水保障度 = \frac{备用水源供水量}{日平均用水需求量} \times 100\%，单位：（\%）$$

(7-3)

表 10　备用水源用水保障度评分标准

备用水源用水保障度（%）	得 分
X>50	100
40<X≤50	80～100
30<X≤40	60～80
20<X≤30	40～60
10<X≤20	20～40
0<X≤10	0～20

（3）水厂生产电源保障度（表 11）

$$水厂生产电源保障度 = \frac{配备双电源供水设计能力}{总设计供水能力} \times 100\%，$$

单位：（%）　　　　(7-4)

表 11　水厂生产电源保障度评分标准

水厂生产电源保障度（%）	得 分
80<X≤100	80～100
60<X≤80	60～80
40<X≤60	40～60
20<X≤40	20～40
0≤X≤20	0～20

（4）供水应急预案（表12）

表12　供水应急预案评分标准

应急预案项目	无	公司级别	政府级别
应急预案及组织管理	0分	30分	40分
应急技术储备	0分	20分	30分
应急物资储备	0分	20分	30分

7.2　管网压力合格率

管网压力合格率反应供水企业管网服务压力的合格程度。主要考虑供水企业管网布局区域及加压站建设、是否接管二次供水、公共测压点压力合格率等方面因素。主要考虑管网测压点分布率、管网压力合格率、平均水压值及是否建设自来水管网运行SCADA（Supervisory Control and Data Acquisition）系统，即管网运行数据采集与监视控制系统。

管网压力标准采用原建设部《城字第277号文》规定："供水管网服务压力合格标准为供水管网干线末端压力且为环状的，其供水管网环各点压力均不低于0.14MPa。"

SCADA系统，具有信息完整、提高效率、正确掌握系统运行状态、加快决策、能帮助快速诊断出管网运行状态等优势，现已经成为供水调度不可缺少的工具。它对提高供水管网运行的可靠性、安全性与经济效益，减轻调度员的负担，实现供水调度自动化与现代化，提高调度的效率和水平等方面有着不可替代的作用。

7.2.1　采集指标

（1）测压点数量

要求每10km² 设置不少于1个，所设测压点原则上应处于管网末端，能代表管网较不利压力数据。

（2）测压点压力数据

a. 对于已经建成SCADA系统的供水企业，测压点压力数据每日至少应提供4次，即根据水厂供水量情况，选择每日两个供水高峰时点压力数据及两个供水谷底时点压力数据；

b. 对于未建成 SCADA 系统的供水企业，测压点压力数据每半月至少应提供 4 次，即选择两个供水高峰时点压力数据及两个供水谷底时点压力数据。

（3）管网覆盖面积（km²）

7.2.2　计算方式及评分细则

$$管网压力合格率＝管网测压点分布率×20\%＋管网压力合格$$
$$率×40\%＋平均水压值×30\%＋管网运行$$
$$数据采集与监视控制系统×10\% \qquad (7-5)$$

（1）管网测压点分布率（表 13）

$$管网测压点分布率＝\frac{测压点数量×10}{城市供水面积}×100\%，单位：（\%）$$

$$(7-6)$$

表 13　管网测压点分布率评分标准

管网测压点分布率（%）	得　　　分
$80<X\leqslant100$	$80\sim100$
$60<X\leqslant80$	$60\sim80$
$40<X\leqslant60$	$40\sim60$
$20<X\leqslant40$	$20\sim40$
$0<X\leqslant20$	$0\sim20$

（2）管网压力合格率（表 14）

$$管网压力合格率＝\frac{检测合格次数}{检测总次数}×100\%，单位：（\%）$$

$$(7-7)$$

表 14　管网压力合格率评分标准

管网压力合格率（%）	得　　　分
$80<X\leqslant100$	$80\sim100$
$60<X\leqslant80$	$60\sim80$
$40<X\leqslant60$	$40\sim60$
$20<X\leqslant40$	$20\sim40$
$0<X\leqslant20$	$0\sim20$

（3）平均水压值（表15）

$$平均水压值 = \frac{水压值总和}{检测总次数}，单位：（MPa）\qquad (7-8)$$

表15　平均水压值评分标准

平均水压值（MPa）	得　　　分
$X \geqslant 0.2$	100
$0.14 \leqslant X < 0.2$	60
$X < 0.14$	0

（4）是否建设自来水管网运行 SCADA（Supervisory Control and Data Acquisition）系统（表16）

$$SCADA 标准监测点 = \frac{管网覆盖面积}{10}，单位：（个）\qquad (7-9)$$

表16　SCADA 标准监测点评分标准

评　分　项	评　分　方　法
监测点是否按选点要求覆盖整个供水管网	50分，每少一监测点按比例扣除相应分数
系统内所有监测点是否均可用	50分，每少一监测点按比例扣除相应分数

8 供水绩效指标

供水绩效指标分数占供水服务指标体系总分的 15%。

供水绩效指标包括产销差系数、爆管率 2 个指标，分别占供水绩效指标分数的 70%、30%。

8.1 产销差系数

8.1.1 采集指标

a. 总供水总量（10^4 t）

b. 总售水量（10^4 t）

c. 趸售水量（10^4 t）

d. 抄表到户率（%）

e. DN75 以上管道总长度（km）

f. 抄表到户区域内 DN75 以上的管道长度（km）

g. 平均日供水量（km^3/d）

h. 出厂水平均压力（MPa）

8.1.2 计算方法

由于许多供水企业存在大量转供水的情况，为反映该企业管辖范围内的真实产销差，应采用该企业管辖范围内单位管长产销差乘上该企业实际抄表到户区域内 DN75 以上的管道长度来计算产销差。

$$产销差系数 = \frac{综合产销差}{标准产销差} \qquad (8-1)$$

$$综合产销差（\%） = \frac{[（供水总量-趸售水量）-（总售水量-趸售水量）]}{（供水总量-趸售水量）}$$

$$(8-2)$$

$$总产销差水量 = 总供水量-总售水量 \qquad (8-3)$$

47

$$单位管长产销差=\frac{总产销差水量}{DN75\ 以上管道总长度} \quad (8\text{-}4)$$

$$抄表到户区域产销差水量=单位管长产销差\times抄表到户区域$$
$$内\ DN75\ 以上的管道长度 \quad (8\text{-}5)$$

$$趸售干管产销差水量=总产销差水量$$
$$-抄表到户区域产销差水量 \quad (8\text{-}6)$$

$$抄表到户区域供水量=总供水量-趸售水量$$
$$-趸售干管产销差水量 \quad (8\text{-}7)$$

$$标准产销差=13\%+K \quad (8\text{-}8)$$

$$K=K1+K2+K3 \quad (8\text{-}9)$$

（1）抄表到户率的修正值（K1）

抄表到户率计算公式参见 5.3.2，抄表到户率修正值（K1）符合表 17 规定。

表 17　抄表到户率修正值（K1）

抄表到户率（%）	修正值 K1
X<40	减 3%
40≤X<50	减 2%
50≤X<60	减 1%
60≤X<70	0
70≤X<80	加 1%
80≤X<90	加 2%
X≥90	加 3%

（2）抄表到户区域单位供水量管长修正值（K2）

单位供水量的管长计算公式，单位供水量管长修正值（K2）符合表 18 规定。

$$L_q=\frac{L_t}{Q_a} \quad (8\text{-}10)$$

式中　L_q——抄表到户区域单位供水量管长，$km/km^3/d$；

　　　L_t——抄表到户区域 DN75 以上管道长度，km；

Q_a——抄表到户区域平均日供水量，km^3/d。

表 18 单位供水量管长修正值 ($K2$)

供水管径 DN（mm）	单位供水量管长 L_q（$km/km^3/d$）	修正值 $K2$
$\geqslant 75$	$X < 1.40$	减 2%
$\geqslant 75$	$1.40 \leqslant X < 1.64$	减 1%
$\geqslant 75$	$1.64 \leqslant X < 2.06$	0
$\geqslant 75$	$2.06 \leqslant X < 2.40$	加 1%
$\geqslant 75$	$2.40 \leqslant X < 2.70$	加 2%
$\geqslant 75$	$X \geqslant 2.70$	加 3%

（3）平均出厂压力修正值（$K3$）

年平均出厂压力计算公式，平均出厂压力修正值（$K3$）符合表 19 规定。

$$年平均出厂压力 = \sum_1^n P_i \times Q_i / Q \qquad (8-11)$$

式中 P_i——第 i 间水厂年平均压力，MPa；

$\quad\quad Q_i$——第 i 间水厂年供水量，km^3；

$\quad\quad Q$——总供水量，km^3。

表 19 年平均出厂压力修正值 ($K3$)

年平均出厂压力（MPa）	修正值 $K3$
$X \leqslant 0.55$	0
$0.55 < X \leqslant 0.75$	加 1%
$X > 0.75$	加 2%

8.1.3 评分标准

产销差系数评分标准详见表 20。

表 20 产销差系数评分标准

产销差系数	得分
$X \leqslant 1.0$	100
$1.0 < X \leqslant 1.1$	99～90

产销差系数	得 分
1.1<X≤1.2	89～80
1.2<X≤1.3	79～70
1.3<X≤1.4	69～60
1.4<X≤1.5	59～50
1.5<X≤1.6	49～40
1.6<X≤1.7	39～30
1.7<X≤1.8	29～20
1.8<X≤1.9	19～10
X>1.9	10～0

得分计算公式：

$$B=100-(X-1)\times100(X\geqslant1) \tag{8-12}$$

8.2 爆 管 率

8.2.1 采集指标

a. 爆管次数（次）

b. 配水管网长度（km）

8.2.2 计算方法

$$爆管率=\frac{爆管次数}{配水管网长度}（次/年/km） \tag{8-13}$$

8.2.3 评分标准

随着管道的老龄化，爆管的频率会增加。爆管率（次/年/km）取值 0.300 次/年/km 为合格标准，得分是 60 分。具体评分标准参见表 21。

表 21 爆管率评分标准

爆管率（次/年/km）	得 分
X<0.220	100
0.220≤X<0.240	100～91

爆管率（次/年/km）	得　　分
0.240≤X<0.260	90～81
0.260≤X<0.280	80～71
0.280≤X<0.300	70～61
0.300	60
0.300<X≤0.320	59～50
0.320<X≤0.340	49～40
0.340<X≤0.360	39～30
0.360<X≤0.380	29～20
0.380<X≤0.400	19～10
>0.400	10～0

得分计算公式：

$$B=60+(0.300-X)\times500 \quad (X<0.300)$$
$$B=60-(X-0.300)\times500 \quad (X\geqslant0.300) \tag{8-14}$$

B 取值在 0～100 之间，是爆管率的评分值。（B 大于 100 时按 100 取值）

附录 A 供水用户满意度调查问卷

问　题	选　项				
1. 您对目前自来水公司的总体服务是否感到满意？	非常满意 □	满意 □	一般 □	不满意 □	非常不满意 □
2. 您评价以下7个自来水整体满意程度的因素哪些比较重要？	非常重要	重要	一般	不重要	非常不重要
价格	□	□	□	□	□
水质	□	□	□	□	□
供水稳定性	□	□	□	□	□
账单及付费方式	□	□	□	□	□
客户服务（客服热线、客服中心等）	□	□	□	□	□
客户沟通（包括公共关系、咨询推广、客户意见反映）	□	□	□	□	□
企业整体形象	□	□	□	□	□
3. 您认为目前自来水（××元/t）的收费是否合理？	非常合理 □	合理 □	一般 □	不合理 □	非常不合理 □

续表 A

问　　题	选　　项				
4. 目前您的水费支出在生活费用支出中是否可以承受?	无足轻重	负担较小	一般	负担沉重	负担非常沉重
5. 您认为拟将实施/现行的阶梯式递增收费是否合理?	非常满意	满意	一般	不满意	非常不满意
6. 您对自来水的水质总体是否满意?	非常满意	满意	一般	不满意	非常不满意
7. 您是否认为本地区的自来水是洁净、无杂质可饮用?	非常同意	同意	一般	不同意	非常不同意
8. 您家的水压是否稳定?	非常稳定	稳定	一般	不稳定	非常不稳定
9. 您对自来水的 24h 连续供水是否觉得满意?	非常满意	满意	一般	不满意	非常不满意
10. 在过去一年是否经常发生一些事故而需要暂停供水的情况（例如：爆水管）?	非常频繁	频繁	一般	很少发生	没有发生
11. 在进行计划停水前水预告安排的时间是否充足?	非常充足	充足	一般	不充足	非常不充足

53

续表 A

问　题	选　项				
12. 您对自来水管安装工程的专业性及施工质量是否感到满意？	非常满意 □	满意 □	一般 □	不满意 □	非常不满意 □
13. 您对自来水公司的抢修效率及恢复供水所需的时间是否感到满意？	非常满意 □	满意 □	一般 □	不满意 □	非常不满意 □
14. 您对自来水公司因突发事故影响到供水服务时作出的各种应变安排（及时抢修、提供临时送水）是否满意？	非常满意 □	满意 □	一般 □	不满意 □	非常不满意 □
15. 您对自来水账单是否满意？（请参考账单的清晰度、完整度、准确度等）	非常满意 □	满意 □	一般 □	不满意 □	非常不满意 □
16. 您一般采用哪种方式交费？	营业大厅 □　便利店 □　银行划账代扣 □　网上交费 □　物业代收 □　其他 □　不知道 □				
您对自来水提供可选择的交费方式是否感到便利？	非常方便 □	比较方便 □	一般 □	不太方便 □	非常不方便 □
17. 您以现金方式交费时所需等候及处理的时间是否感到满意？	非常满意 □	满意 □	一般 □	不满意 □	非常不满意 □

续表 A

问 题	选 项				
	非常满意	满意	一般	不满意	非常不满意
18. 请问您对自来客户热线/呼叫中心服务是否感到满意？					
等候接通所需的时间	□	□	□	□	□
处理问题及查询的效率	□	□	□	□	□
服务程序	□	□	□	□	□
专业知识	□	□	□	□	□
服务态度	□	□	□	□	□
19. 您对营业大厅的服务是否满意？					
营业网点数量	□	□	□	□	□
营业网点地理位置	□	□	□	□	□
营业大厅的总体环境	□	□	□	□	□
办理业务的等候时间	□	□	□	□	□
处理问题的效率	□	□	□	□	□
服务程序是否复杂	□	□	□	□	□
专业知识	□	□	□	□	□
服务态度	□	□	□	□	□

续表 A

问 题	选 项					
20. 您是否能够获得右边的相关信息？	水费 ☐	用水量 ☐	停水通知 ☐	便民服务信息 ☐	用水常识 ☐	企业社会活动 ☐
您得到自来水的信息是否感到便利？	非常方便	比较方便	一般	不太方便	非常不方便	
水费信息	☐	☐	☐	☐	☐	
用水量信息	☐	☐	☐	☐	☐	
停水通知	☐	☐	☐	☐	☐	
用水信息（用水常识、节水信息等）	☐	☐	☐	☐	☐	
企业社会活动（如水厂开放日、走进社区等）	☐	☐	☐	☐	☐	
您对自来水公司提供给用户以上的信息是否感到足够？	非常充足 ☐	充足 ☐	一般 ☐	不充足 ☐	非常不充足 ☐	
21. 您知道自来水公司有哪些投诉方式？	企业高层直接投诉 ☐	客服中心 ☐	热线电话 ☐	网站 ☐	政府公用热线 ☐	其他 ☐　不知道 ☐
您觉得向自来水公司反映意见和建议的沟通渠道是否足够？	非常充足 ☐	充足 ☐	一般 ☐	不充足 ☐	非常不充足 ☐	
22. 您对自来水公司企业形象是否感到满意？	非常满意 ☐	满意 ☐	一般 ☐	不满意 ☐	非常不满意 ☐	

续表 A

问　题	选　　项

请在符合您个人信息的方框内打勾：

您的性别是：□男　　□女

您的年龄是：□30 岁以下　□30~40 岁　□40~50 岁　□50~60 岁　□60 岁以上

您的职业是：□在职人员　□待岗人员　□离退休人员　□学生　□其他

您居住区域是：□城区　□乡镇

请问您住在＿＿＿＿＿区＿＿＿＿＿小区　□直接供水　□高层二次供水

您家中常住人口有多少：□1 人　□2~3 人　□4~5 人　□6 人及以上

您在本地居住时间有多久：□1 年以下　□2~3 年　□4~6 年　□7~10 年　□10 年以上

请您对当地供水、电力、电信、燃气等服务行业进行比较，从比较满意到不满意的排序

①供水　②电力　③电信　④燃气

比较满意←＿＿＿，＿＿＿，＿＿＿，＿＿＿→不太满意

再次谢谢您的合作！

57

附录 B 中国供水企业服务评级流程简介

中国供水企业服务评级流程分为五个步骤：

数据采集：根据指标要求，采集各指标数，并准备相关文件资料；

数据验证：提交数据质量协议，进行数据可靠性验证；

专家考察：联盟专家委员会实地考察，检验相关数据文件和相关制度文件资料；

专家评审：数据换算与分析，根据评审标准进行参评企业定级；

结果发布：授予参评企业对应等级标牌和证书。

附录 C 2012 年度中国供水服务等级评定结果

按供水服务评级指标体系（1.0）版，截止到 2013 年 2 月 28 日，共有 5 家供水企业完成正式的供水服务等级评定工作，供水服务综合指数 90 分（含）以上，定义为 5A 级服务，80（含）～90 分，定义为 4A 级服务，试评结果如下：

常熟中法水务有限公司　　　　　AAAAA
江苏江南水务股份有限公司　　　AAAAA
珠海水务集团有限公司　　　　　AAAA
南海发展股份有限公司　　　　　AAAA
顺德水业控股有限公司　　　　　AAAA

中国供水服务促进联盟挂靠单位——中国水网
电话：010-88480311　88480333
传真：010-88480301
邮箱：activity@h2o-china.com firld@h2o-china.com
地址：北京市海淀区闵庄路 3 号清华科技园玉泉慧谷 25 号楼